ARBEITSGEMEINSCHAFT FÜR FORSCHUNG
DES LANDES NORDRHEIN-WESTFALEN

GEISTESWISSENSCHAFTEN

Sitzung
am 26. November 1952
in Düsseldorf

ARBEITSGEMEINSCHAFT FÜR FORSCHUNG DES LANDES NORDRHEIN-WESTFALEN

GEISTESWISSENSCHAFTEN

HEFT 10

Peter Rassow

Forschungen zur Reichs-Idee
im 16. und 17. Jahrhundert

WESTDEUTSCHER VERLAG · KÖLN UND OPLADEN

ISBN 978-3-663-01049-4   ISBN 978-3-663-02962-5 (eBook)
DOI 10.1007/978-3-663-02962-5

Forschungen zur Reichs-Idee im 16. und 17. Jahrhundert

Professor Dr. phil. *Peter Rassow*, Köln

Was ich Ihnen vorzutragen habe, ist die Kombination zweier Unter-
suchungen, die den gleichen Gegenstand – die Reichs-Idee – betreffen, die
aber methodisch spezifisch unterschieden sind, weil die Reichs-Idee, wie sie
vor dem Augsburger Religionsfrieden (1555) noch lebendig war, *nach*
diesem Ereignis, in völlig verändertem geistigem Medium gleichsam, ihre
Gestalt gewandelt hat.

Wir betrachten zuerst die Reichs-Idee in der Epoche Karls V., wie sie die
Seele und den Geist dieses Mannes beherrschte, der der Reichsgeschichte von
1519 bis 1555 den Charakter gab, und dann, zu zweit, die Reichs-Idee in
der Epoche des Dreißigjährigen Krieges, und hier nicht mehr in Geist und
Seele eines Kaisers wirkend, sondern so, wie sie im Geist und Sinn des deutschen Volkes erkennbar wird.

Im ersten Teil, in dem wir es mit Karls V. Reichs-Idee und seinen Versuchen, diese Idee zu verwirklichen, zu tun haben, werden die Quellen, die
wir heranzuziehen haben, diplomatischer Natur sein. Im zweiten Teil ziehen
wir dichterische Quellen heran. Wir halten uns mit Absicht in beiden Fällen
fern von den Staatstheoretikern jener Zeiten, die damals – wie zu jeder
Zeit – die leitenden Ideen ihrer Gegenwart rationell zu fassen suchen, und
gerade deshalb der Deutung ihrer Gegenwart so viel schuldig bleiben.

Die Methode, politische Ideen-Geschichte aus Staatsschriften zu schreiben,
soll hier vielmehr ergänzt und kontrolliert werden durch den Blick eines-
teils in die Sphäre der Tat – und jede Tat geschieht aus Idee –, anderenteils
in die Sphäre der schicksalsmächtigen Sehnsucht, der kollektiven Volks-
leidenschaft, in der Völker sich von Ideen beherrscht zeigen, und in denen
die Dichter der Sehnsucht zum Wort verhelfen.

Die Reichs-Idee, die wir hier untersuchen, ist die Idee vom Sacrum
Imperium Romanum. Wir dürfen sie nicht verfolgen von Karls des Großen
Zeiten an – wir haben die Bücher von Schramm für die Ottonen, meine
eigenen Studien über die Zeit Friedrichs I., Kantorowiczs berühmtes Buch

über Friedrich II., dann die Arbeiten von Kampers, Heimpel und Kallen und ihren Schülern für das Spätmittelalter, für das Ganze das gedankenreiche Buch von Aloys Dempf – um nur den Weg der neueren Forschung durch die Jahrhunderte mit einigen Marken abzustecken.

I

Am Ende des Mittelalters ist Kaiser Maximilian der Träger der Kaiser-Idee, in der sich die Reichs-Idee verkörpert. Sie ist in ihm lebendig. Aber er hat nicht Macht, ihr Gestalt in der Welt zu geben, obwohl er zu seinen ererbten habsburgisch-österreichischen Landen das Herzogtum Burgund durch Heirat hinzugewonnen hatte. Der Reichs-Idee Gestalt geben hieß in Maximilians Zeit, Reichs-Italien, d. h. das Herzogtum Mailand, dem Zugriff Frankreichs (Karls VIII., Ludwigs XI., Franz' I.) wieder entziehen. Das ist Maximilian niemals gelungen, obgleich er unausgesetzt bemüht war, mit Ferdinand von Aragon und Isabella von Kastilien zusammen Frankreich so einzukreisen, daß die französischen Könige hätten aus Mailand herausgehen müssen. Die Reichs-Idee, die hier in Maximilian zur Verwirklichung strebte, stand im Kampf mit der jungen Staats-Idee, die in Frankreich seit Ende des Hundertjährigen Krieges in Souveränitäts- und Expansionsstreben sich als die stärkere Kraft auszuweisen schien.

1519 starb Maximilian. Seine Erben in Österreich waren seine beiden Enkel, Karl und Ferdinand (zur gesamten Hand), in Burgund Karl, der älteste Enkel, allein, und dieser Enkel, damals 19 Jahre alt, war seit drei Jahren auch König von Spanien, Neapel und Sizilien.

Ohne auf die Kaiserwahl von 1519 des näheren einzugehen, stellen wir nur die Frage: Wen sollten nun die Kurfürsten zum deutschen König und römischen Kaiser wählen: den König von Frankreich oder den König von Spanien? Eine dritte Möglichkeit gab es faktisch nicht. Denn das sahen die Kurfürsten ebensogut wie jedermann damals: der Kampf der habsburgischen Macht in Deutschland, Burgund, Italien und Spanien gegen das Frankreich der Bourbonen, das schon das Reichsland Mailand okkupiert hatte, stand unmittelbar vor dem Ausbruch. Hätte man auch einen mächtigen Kurfürsten, wie etwa den Sachsen, zum deutschen König und römischen Kaiser gewählt, er wäre doch in dem Kampf der beiden großen Machtgruppen zermalmt worden. Gerade Friedrich der Weise von Sachsen aber war einer der überzeugtesten Vertreter der fürstlichen Staats-, ja beinahe der Souveränitäts-Idee. In den Verhandlungen mit den beiden Kaiser-Kandidaten bot

der König von Spanien schließlich doch die sichereren Garantien dafür, daß
er die fürstliche Selbständigkeit nicht antasten werde. Diese Garantien wurden in der Wahl-Kapitulation Karls V. niedergelegt, und daraufhin wurde
er gewählt. Karl V. war persönlich eine religiös angelegte Natur, war erzogen in humanistischem Geist, der aber seiner kirchlichen Religiosität
keinen Eintrag tat. So hat er es von Jugend an nicht anders gewußt, als daß
er die ihm übererbte riesige Machtfülle als eine sichtliche Fügung, ja eine
Weisung Gottes anzusehen habe und nun mit der Kaiserwürde als einem
Auftrag Gottes auch der Kaiser-Idee mit allen Kräften zur Verwirklichung
zu verhelfen habe, der Kaiser-Idee, der von alters her die Idee vom Heiligen
Reich zugehörte: Bekämpfung der Feinde der Christenheit nach außen und
im Innern. Dieser Aufgabe diente sein ganzes Lebenswerk. Die Kaiser-Idee
blieb die innerste bewegende Kraft seines ganzen Lebens. An die Verwirklichung seiner Kaiseraufgaben hat er die Kräfte seiner spanischen und
italienischen Reiche, seines Stammlandes Burgund und die des deutschen
Reiches gesetzt. Man kann nicht zweifeln, daß er bei der Bekämpfung Frankreichs, des Störers der Christenheit, bei der Bekämpfung der Türken in
Ungarn und im Mittelmeer, des äußeren Feindes der Christenheit, ja, daß
er auch im Kampf gegen den inneren Feind der Christenheit, die lutherische
Häresie – daß er allen *einzelnen* Gegnern gegenüber schließlich siegreich ge-
blieben wäre – denn er war eine große politische Natur –, wenn nicht *eine*
Kombination für ihn unüberwindlich gewesen wäre. *Das war die Verbindung*
der *lutherischen Religionsbewegung* mit dem *territorialfürstlichen Interesse.*
Zwanzig Jahre lang hat er diese Verbindung des Luthertums mit dem Landes-
fürstentum unterschätzt, weil er hoffte, die im Glauben abgewichenen
Fürsten und deren Untertanen durch Religionsgespräche oder ein Universal-
konzil zurückführen zu können. Erst als er diese Hoffnung aufgeben mußte
– nicht nur wegen der Unbelehrbarkeit Luthers und der anderen Theologen,
sondern auch wegen der ihm unverständlichen Intransigenz des römischen
Stuhles –, erst da hat er erkannt, daß die Widerstandskraft der Lutheraner nicht allein in ihrer religiösen Überzeugung, sondern ebensosehr in
der mit ihr verbundenen rein politischen Reichsopposition gegen die be-
drohlich wachsende Macht des Kaisers bestand. Erst als er diese Erkenntnis
gewonnen hatte und als die äußeren Feinde, Frankreich und der Türke, weit
zurückgedrängt waren, hat er sich an die Auflösung jener Kombination gemacht. Er wollte das Luthertum von dem politisch-oppositionellen Fürstentum trennen durch einen Reichskrieg, den er führte ausdrücklich als einen
Krieg gegen zwei *rebellische* Fürsten, *nicht* gegen zwei *protestantische*

Fürsten, noch viel weniger gegen die protestantischen Fürsten in ihrer Gesamtheit. Das war der Schmalkaldische Krieg. Der Kaiser hat den Sieg in diesem Kriege nur mit knapper Not errungen.

Wir betrachten nun die Politik Karls V. nach dem Sieg bei Mühlberg (1547) etwas genauer. Denn aus dieser Politik muß sich seine Idee von Kaiser und Reich ablesen lassen.

Kaiser Karl selbst hatte sich nach dem Sieg bei Mühlberg im Laufe des Sommers 1547 von Sachsen nach Augsburg begeben und dorthin einen Reichstag einberufen. Er war der unbestrittene Herr Deutschlands. Allerdings war er sich auch bewußt, daß er seinen Sieg nur mit dem Einsatz spanischen und burgundischen Geldes, auch spanischer Truppen, ja daß er den ersten Teil, den Donau-Feldzug, nur deshalb erfolgreich hatte durchführen können, weil ihm dazu auch noch italienische, mit päpstlichem Geld angeworbene Söldner zur Verfügung gestanden hatten. Diese Lage suchte der Kaiser in Augsburg zu einer politischen Neugestaltung des Reiches zu nutzen, indem er drei Zielen zustrebte: zunächst einem Fürstenbund, dann der Unterwerfung der Abgewichenen unter das Konzil, und endlich der spanischen Sukzession im Imperium. Er proponierte erstens einen freien Bund aller Reichsstände, der eine strenge Beitragspflicht vorsah und der den Einfluß im Bunde nach Macht der einzelnen Stände abstufte. In diesem Bunde mußte das Haus Habsburg die dauernde Führung haben. Er mußte werden, wie Fritz Hartung treffend gesagt hat, „das Reich – ohne die Hindernisse der bisherigen Reichsverfassung“. Diesen Bundesplan haben die Fürsten – wie jede frühere Reichsreform – abgelehnt. Karl stand also vor der Tatsache, daß nicht einmal die Machtstellung, die ihm der Sieg bei Mühlberg gegeben hatte, ausreichte, die Territorialfürsten unter eine funktionsfähige Reichszentrale zu beugen. Zweitens: in der Religionsfrage erreichte er nur das berühmte und berüchtigte „Interim“, welches weder Altgläubige noch Lutheraner befriedigte und sich schon bald als undurchführbar erweisen sollte. Die negativen Erfahrungen des Kaisers mit den Verhandlungen über den Fürstenbund und um das Interim sind der Boden, auf dem dann der dritte Plan, der Sukzessionsplan, gewachsen ist.

Karl, Ferdinand, Maria, dazu die beiden jungen Prinzen der nächsten Generation, Philipp und Maximilian – das sind die fürstlichen Träger der Verhandlungen um die Sukzessionspläne. Inwieweit Räte herangezogen worden sind, wissen wir nicht sicher. Der alte Granvelle zweifellos, der oberste Ratgeber Karls für die große Politik seit 1530; aber schon altersschwach, ist er 1550 in Augsburg gestorben, ehe die Sukzessionsfrage geklärt war. Mitten in den Verhandlungen stehend sehen wir Granvelles ältesten Sohn Antoine, Bischof von Arras. Gelegentlich herangezogen zu diplomatischem Dienst wurde der zweite Sohn Granvelles, Herr von Chantonnay.

Welches ist der politische Charakter des Sukzessionsproblems? Er liegt in dem Streben Karls, von der Regelung der Sukzession im Kaisertum, die seit 16 Jahren in Kraft war, loszukommen und eine neue Regelung festzulegen. Die Kurfürsten waren nicht etwa verpflichtet, einen deutschen Fürsten zu wählen. Die Wahlfrage wurde normalerweise dadurch erst gestellt, daß ein Kaiser gestorben war. Aber man konnte sie verfrühen, indem man bei Lebzeiten eines Kaisers – allerdings erst, wenn dieser bereits vom Papst gekrönt war – einen Fürsten zum „Römischen König" wählte, der dann beim Ableben des Kaisers ipso facto Kaiser wurde. Dies war die *Rechtslage* hinsichtlich der Sukzession im deutschen Königtum und gleichzeitig im Kaisertum.

Es ist klar, daß jeder Kaiser seinem Sohn die Nachfolge im Reich sichern wollte. Die eigentümliche Lage unseres Falles ist nun, daß Karl dieses natürliche Ziel außer Augen gesetzt hatte, als er 1531 seinen Bruder Ferdinand, nicht aber seinen Sohn Philipp zum König der Römer wählen ließ. Diese Tatsache ist bisher bei der Beurteilung der Sukzessionsfrage nicht berücksichtigt worden. Wir müßten die ganze politische Lage von 1529 bis 1531 aufrollen, wollten wir zu ermitteln versuchen, welche Gründe Karl damals zu diesem Verzicht veranlaßt haben. Die Quellen sagen so gut wie nichts darüber. Die allgemeine Lage von 1530/31 läßt uns aber doch erschließen, welcher politische Gedanke der Wahl Ferdinands zum Nachfolger im Kaisertum im Jahre 1531 zugrunde lag: Karl brauchte – besonders nach dem Mißerfolg in der Glaubensfrage auf dem Augsburger Reichstag 1530 – in Deutschland einen Stellvertreter, der den Fürsten gegenüber mit Autorität auftreten konnte. Das bisherige „Reichsregiment", dem Ferdinand schon während Karls Abwesenheit von Deutschland vorgestanden hatte, war ohne Autorität. War nun aber Ferdinand der künftige Kaiser, so bekamen seine Zusagen in Verhandlungen ein ganz anderes Gewicht als bisher. Karl gewann also an Ferdinand eine wirksame politische Stütze in Deutschland, gerade in den Zeiten, da er 1532 gegen die Türken vor Wien, 1535 gegen die Türken in Tunis, 1536/37 gegen die Franzosen Krieg führte und die Zwischenzeit in Spanien zubringen mußte. Das fünfte Jahrzehnt nötigte ihn dann zu einem neuen Türkenkrieg nach Algier und einem neuen Krieg gegen Frankreich. Alles das wäre ohne die feste Position in Deutschland, die Ferdinand aufrechterhielt, undurchführbar gewesen.

Allerdings war bei dieser Regelung der Sukzession von 1531 die Zukunft
belastet worden. Denn da Karls Sohn Philipp schon 1527 geboren war, so
stand schon fest, daß Ferdinand als Kaiser nicht über Spanien, die Nieder-
lande, Süditalien und das Gold aus den Kolonien werde verfügen können.
Immerhin war Ferdinand inzwischen König von Böhmen und Ungarn geworden. Aber der Zuwachs an Macht durch Böhmen wurde weit überwogen
durch die Last, die die immer erneuten Angriffe der Türken von Ungarn
aus bedeuteten.

Tatsächlich haben Karl und Ferdinand während der Jahre 1521 – 1531 –
1547 gut zusammengearbeitet, weil Ferdinand sich der überlegenen Macht
und Führungskunst seines kaiserlichen Bruders voll unterordnete und zugleich von dem Bewußtsein erfüllt war, dereinst die Kaiserkrone zu tragen.

Lag es nun aber so fern, 1547 zu erwägen, welche Situation entstanden
wäre, wenn Karl etwa im Anfang 1546, d. h. vor dem Ausbruch des Schmalkaldischen Krieges, gestorben wäre? Wenn Ferdinand als sein Nachfolger
im deutschen Königtum und Römischen Kaisertum vor *den* Fragen im Reich
gestanden hätte, die Karl durch den Schmalkaldischen Krieg gelöst zu haben
glaubte! Des guten Willens seines Neffen Philipp, der dann König von
Spanien, Neapel, Sizilien, aber auch Herzog von Burgund gewesen wäre,
hätte er gewiß sein können. Aber hätte Ferdinand Geld- und Truppen-
sendungen aus jenen Ländern *verlangen* können? Es kann nicht zweifelhaft
sein, daß Karl – mögen seine Gedanken über die Sukzession Ferdinands
seit 1531 welche auch immer gewesen sein – *nach* dem Schmalkaldischen
Krieg auf Gedanken, die er schon 1519 ausgesprochen hatte, zurückgeführt
worden ist. Der Kern dieser Gedanken war: Kaiser kann nur sein, wer außer
über die Hilfsquellen des Reiches auch über diejenigen Spaniens und Burgunds und Italiens verfügt!

Damit stellte sich logisch die Sukzessionsfrage in doppelter Gestalt:
entweder: man nötigt Ferdinand zum Rücktritt vom Römischen Königtum
            und läßt durch die Kurfürsten den Prinzen Philipp zum Römi-
            schen König wählen,
oder: man sichert das Interesse Philipps am Imperium dadurch, daß
            man ihm wenigstens die Nachfolge nach Ferdinand zusichert.

Den zweiten Teil dieser Alternative hat man geglaubt in den Familien-
verträgen von 1551 verwirklichen zu können. Diese Verträge sahen nicht
nur vor, daß Philipp der Nachfolger Ferdinands, sondern auch, daß Maximilian, der – mit Philipp gleichaltrige – Sohn Ferdinands, der Nachfolger
Philipps im Imperium werden solle, ferner, daß Ferdinand als Kaiser auch

Philipp mit Mailand belehnen werde. Daß dies ganze Programm schon an dem äußeren Widerstand der Kurfürsten, die natürlich die politische Tragweite für sich selbst sofort durchschauten, gescheitert ist, braucht uns hier nicht weiter zu beschäftigen.

Wohl aber gewinnen durch den ersten Teil der Alternative alle die nur als Gerüchte überlieferten Quellen an Gewicht, die besagen, der Kaiser wolle den Prinzen Philipp zu seinem *unmittelbaren* Nachfolger im Kaisertum machen. Zeitlich liegen diese Berichte sämtlich in der ersten Phase der Verhandlungen: nämlich 1547 aus Augsburg (15. und 31. Dezember), 1548 weiterhin aus Augsburg (31. Januar, 24. April, 25. Juni, 29. Juni), dann im gleichen Jahr am 29. Oktober aus Brüssel, wo der Kaiser am 23. September wieder eingetroffen war. Dann gab das Nahen des Prinzen Philipp, den der Kaiser aus Spanien herbeigerufen hatte, dem Gerüchte neue Nahrung. Schon im März 1549 trat es neu auf. (Philipp traf am 31. März bei seinem Vater in Brüssel ein.) Auch im April 1549 begegnet es uns wieder. Da war aber schon die Explosion im habsburgischen Geschwisterkreis hochgegangen. König Ferdinand beschwerte sich in einem erbitterten Brief an seine Schwester Maria (28. März 1549): ihm sei von hoher Stelle die Meldung zugegangen, der Kaiser wünsche, daß er den Platz als Römischer König für den Prinzen Philipp frei mache. Der Kurfürst von Brandenburg, so heiße es, habe schon Geld in Augsburg aufgenommen in Aussicht auf die Summe, die der Kaiser ihm für die neue Wahl zahlen werde. Königin Maria antwortete alsbald von Brüssel aus – also autorisiert vom Kaiser –, das Gerücht sei unbegründet. Alles bleibe – wie in Augsburg verabredet – in der Schwebe. König Ferdinand erklärte sich daraufhin für beruhigt.

Ist es nicht auffällig, daß König Ferdinand das Gerücht geglaubt und zum Gegenstand dieser leidenschaftlichen Beschwerde gemacht hat? War ein Mann von seiner politischen Erfahrung nicht in der Lage, wenn er das Gerücht als lästig empfand, aber für unbegründet hielt, durch einen Kammerherrn auf Maria und Karl einzuwirken, daß dem Gerücht von Brüssel aus der Boden entzogen werde? Ich schließe aus der scharfen, brieflichen Reaktion Ferdinands, daß er das Gerücht für begründet hielt; mehr noch: daß es begründet war. Kaiser Karl hat den Ausbruch seines Bruders so ernst genommen, daß er im Juli 1549 den jungen Chantonnay an Ferdinand sandte mit der Instruktion, er solle, wenn der König auf jene Gerüchte zu sprechen komme, die gleichen beruhigenden Erklärungen abgeben, die Maria schon schriftlich übersandt hatte: nie habe Karl die ihm zugeschriebene Absicht gehabt. Vielmehr bleibe es bei der Vertagung der Angelegenheit, bis sie

beide, Karl und Ferdinand, mit dem Prinzen Philipp verhandeln könnten.
Auf diesem Standpunkt verharrte der Kaiser auch in seinem Brief an
Ferdinand vom 10. November 1549, als er ihm ankündigte, die Sache
müsse zwischen ihnen beiden und ihren Söhnen eingehend erwogen und dann
abgeschlossen und auf dem nächsten Reichstag an die Kurfürsten gebracht
werden.

Dieser Brief leitet schon die zweite Phase der Verhandlungen ein, die
sich dann wieder in Augsburg im Winter 1550–1551 abgespielt hat. In
dieser Zeit tritt das Gerücht, Philipp solle der unmittelbare Nachfolger Karls
im Reiche werden, nicht mehr auf. Alle Verhandlungen laufen jetzt auf der
Linie: Philipp soll der Nachfolger Ferdinands werden.

Die methodische Aufgabe liegt für uns darin, daß wir zu dem Gegensatz
zwischen den kaiserlichen Dementis und den Gerüchten Stellung nehmen
müssen. Dazu wäre der Quellencharakter der Äußerungen, in denen uns die
von mir so genannten „Gerüchte" überliefert sind, etwas näher anzusehen.
Wir haben es dabei nämlich mit ganz klaren Diplomaten-Berichten zu tun.
Ihre Verfasser sind: päpstliche Nuntien, wie der Bischof von Forli, wie
Sfondrato, wie Santa Croce und Bertano; die Straßburger Gesandten Jakob
Sturm und Kopp; ferner Kram, der Vertreter des Kurfürsten Moritz am
Kaiserhofe, endlich Marillac, der Gesandte des Königs von Frankreich. Sie
alle sind keine Winkelagenten, sondern Männer, die den Zugang, wenn auch
nur selten zum Kaiser selbst, so doch leicht und häufig zu Granvelle und
seinen Söhnen hatten. Ich will die Berichte, die sich im einzelnen ergänzen,
nicht hier vortragen. Aber eine ganz anders geartete Quelle muß noch herangezogen werden. Es ist eine Denkschrift aus dem kaiserlichen Kabinett. Sie
stammt höchstwahrscheinlich aus der Feder von Arras, etwa vom Anfang
des Jahres 1551: ihr Inhalt ist die breit ausgeführte Erwägung, welche Lösung
der Sukzessionsfrage die d e r C h r i s t e n h e i t dienlichste sei. Obgleich der Verfasser sich den Anschein unanfechtbarer Objektivität gibt, weisen doch alle
seine Argumente in der Richtung auf die direkte Nachfolge Philipps – nur,
so heißt es am Schluß – im jetzigen Augenblick müsse man das *Mögliche*
ins Auge fassen und ein Kompromiß zwischen den Majestäten und ihren
Söhnen suchen: das führt dann zu der Regelung, die in den Verträgen vom
März getroffen wurde. In der Denkschrift überwiegt aber der Eindruck, der
Verfasser halte die unmittelbare Sukzession Philipps für die beste Lösung.
Seine Argumente greifen gleichsam mit der Erfahrung des ganzen letzten
Menschenalters auf den Gedankengang Karls von 1519 zurück: wenn der
Inhaber der Kaiserkrone nicht außer über die Macht Deutschlands auch über

die von Burgund, Spanien und Unter-Italien verfügt, wird er Reichs-Italien, d. i. Ober-Italien, gegen die Franzosen nicht verteidigen können, er wird überhaupt die Kaiser-Idee nicht verkörpern können.

Schon Ranke hat bei dem damaligen Stand der Quellenkenntnis vor über hundert Jahren darauf hingewiesen, daß der oberste Gesichtspunkt bei den Sukzessionsplänen des Kaisers die Erhaltung der Herrschaft in Italien gewesen sei. Wir dürfen ihm noch heute darin folgen, wenngleich ich meine, daß für Karl dabei nicht der machtpolitische Gedanke der oberste gewesen sei, sondern die sakrale Kaiser-Idee. Macht konnte er nur im Dienst der Kaiser-Idee denken.

Wie es damit aber auch bestellt sein mag, so kommen wir angesichts der in den letzten Dezennien publizierten Gesandtenberichte und der Denkschrift des Bischofs von Arras zu dem Ergebnis, daß die Dementis Kaiser Karls gegenüber seinem Bruder Ferdinand nicht ganz wörtlich genommen werden dürfen. Es ist ausgeschlossen, daß er die unmittelbare Sukzession seines Sohnes Philipp nicht in ernste Erwägung gezogen hat. Denn gar zu sehr sprach die Erfahrung der vier Kriege mit Frankreich um das Herzogtum Mailand, d. h. um die Herrschaft über Italien, für diese Lösung. Wenn Karl sich nicht unumwunden zu diesen Erwägungen bekannt hat, so nötigte ihn dazu die Rücksicht auf die Erregung, die der Gedanke bei König Ferdinand – begreiflicherweise – hervorrief, von dessen Sohn Maximilian ganz zu schweigen.

In schweren Kämpfen mit sich selbst, mit seiner besseren politischen Einsicht, hat Karl sich dann von diesem ersten Sukzessionsplan abgewendet, weil er undurchführbar war.

Die zweitbeste Lösung hat dann noch immer genug Kämpfe gegen Ferdinand und Maximilian gekostet, bei denen Maria die wichtigsten Vermittlerdienste geleistet hat. Es ist mir sogar zweifelhaft, ob die beiden Häupter der österreichischen Linie ihre Unterschrift unter die Verträge überhaupt bona fide geleistet haben.

Höchstwahrscheinlich also hat Karl V. 1547 zuerst den Sukzessionsplan gehegt, der Ferdinands Rücktritt von der Stellung des Römischen Königs und Philipps Wahl an seiner Statt vorsah. Die sachlichen Gründe fordern diese Annahme, die Quellen lassen sie zu. Karls Ableugnungen, den Plan je gehegt zu haben, können nur den taktischen Zweck verfolgt haben, den offenen Bruch mit Ferdinand zu verhindern.

Karl hat sich dann von der Undurchführbarkeit des Planes überzeugt und als zweiten Plan das Kompromiß durchgesetzt, nach dem Philipp Nachfolger Ferdinands, Maximilian Nachfolger Philipps werden sollte.

II.

Wir wenden uns nun unserer zweiten Untersuchung zu. Karl V. hatte, gestützt auf seinen universalen Machtbesitz, das Reich als Christenheit im mittelalterlichen Sinne zu verwirklichen gesucht. Nach Karls Abdankung war das Reich zurückgesunken auf den Boden des deutschen Reiches (regnum teutonicum) mit politischen Annexen in Italien, die die Reste Reichs-Italiens darstellten, Reste also des Sacrum Imperium Romanum. Und das Hauptstück dieses Restes, das Herzogtum Mailand, war politisch dem Reich entfremdet dadurch, daß Karl V. schon 1540 seinen Sohn Philipp, den künftigen König von Spanien, mit Mailand belehnt hatte. Philipp blieb auch als König von Spanien mit Mailand investiert. Eine irdische Darstellung des Reiches gab es in der Person des Kaisers nicht mehr.

An der Spitze des Reiches stand seit Karls Abdankung Kaiser Ferdinand I., der Herr des sehr mächtigen deutschen Zweiges des Habsburger Hauses, aus dem fortan – bis 1740 – tatsächlich immer die deutschen Könige und Römischen Kaiser gewählt wurden. Diesem Reich und seiner Idee war nun seit 1555 ein ganz neues Problem zugewachsen, das das Mittelalter nicht gekannt hatte und das tief in das geistige Leben aller Nationen, ganz besonders aber in das der deutschen Nation eingriff: die *Konfession*. Die Reichs-Idee Karls V. hatte es noch für überwindbar, d. h. noch für nur zeitweilig gehalten.

Seit dem Augsburger Religionsfrieden aber gab es katholische und lutherische Reichsstände. Das war Reichsrecht. Es gab also in der deutschen Nation, aber auch in den anderen Nationen, vor allem aber in der Reichswirklichkeit nicht mehr die Einheit der Christenheit. Das Messer, mit dem die kirchliche und politische Einheit des deutschen Reiches zertrennt wurde, war das grausige Wort: cuius regio eius religio, zu deutsch: der Landesfürst bestimmt die Konfession seiner Untertanen. Wer sich dem fürstlichen Spruch nicht fügt, muß außer Landes gehen. Die zweite Hälfte des Reformations-Jahrhunderts ist das deutsche Volk vorwiegend damit beschäftigt gewesen, diese Operation an sich durchführen zu lassen. Es ist dabei auch während sechzig Jahren nicht erheblich gestört worden. Die deutsche Geschichte kennt keine so lange Friedens-Epoche wie die zwischen dem Schmalkaldischen und dem Dreißigjährigen Krieg. Denn in dieser Zeit haben Frankreich, England und Spanien in ihrem Innern und untereinander die schwersten Kämpfe ausgefochten, die ebenfalls dem Problem der Konfession entsprangen. Deutschland hielt sich da heraus. Es hatte in seinem Innern mit der reinlichen Scheidung in katholische und protestantische Stände genug zu tun.

Was bedeutete das für die Reichs-Idee?

Mit dem Verlust der Einheit der Christenheit war die ihr zugeordnete christlich-römische Reichs-Idee inhaltlos geworden. Aber der Organismus, der ihr entsprach, das Reich, hörte nicht auf da zu sein. Er wandelte aber allmählich seinen Charakter. Das politische Leben pulste in Deutschland in den Territorien. Das galt auch von dem Hausbesitz des Kaisers, den habsburgischen Ländern innerhalb und außerhalb des Reichsverbandes. Der Pflege dieser ihrer Lande war das Interesse der Kaiser Ferdinand I., Maximilian II., Rudolf II. und Matthias zugewendet. Das Reich, von dem sie den Kaisertitel führten, war noch da, aber keine politische Realität mehr. Der Dreißigjährige Krieg erst war wieder ein Versuch von seiten der Kaiser, das Reich zu einem politischen Organismus zu machen. Aber dieser neue Ansatz scheiterte, weil die Reichsfürsten mit noch größerer Energie, als in der Endzeit Karls V., sich der Absicht der Kaiser Ferdinand II. und Ferdinand III. widersetzten, und weil die Kaiser wohl mit Spanien verbündet waren, aber nicht, wie einst Karl, über die Mittel Spaniens, Italiens und Burgunds einfach verfügten.

Welches aber war die neue Gestalt, die in dieser Zeit die Reichs-Idee anzunehmen begann? Wir versuchen nicht, das aus der Streitschriften-Literatur jener Zeit zu entnehmen. Es beginnt damals allerdings eine für uns heute gewiß schwer lesbare, aber keineswegs geistlose Polemik, geführt von fürstlichen Räten, Kameralisten, höfischen Publizisten, aber auch Professoren, Juristen und Historikern, die sich um die Frage dreht: was ist das Reich? Ist es überhaupt ein Staat in dem Sinne, den das Wort in dem Jahrhundert von Machiavelli bis Bodin angenommen hatte? Ist es eine Monarchie? Ein monarchischer Staat? Das wollen die kaiserlichen Anwälte in ihm sehen. Ist es eine Aristokratie? Das ist die These der Vertreter fürstlicher Interessen. Es ist klar, daß aus einer solchen theoretischen Diskussion die Frage sich nicht klären konnte. Wir erkennen, daß gewiß der Kaiserhof und die mit ihm jeweils gehende Gruppe von Territorialstaaten ihre machtpolitischen Eigeninteressen mit Hilfe der Reichs-Idee dem großen Publikum als auf der Reichsebene verpflichtend darzustellen suchten. Das war eine leblose Zweckthese.

Viel leichter hatten es die Gegner, die die politische Realität des Reiches als Staat grundsätzlich leugneten. Sie konnten die Untertanen fast aller Fürsten darauf hinweisen, daß die besten Vorhaben, die ihre Fürsten gerade auch in ihrem Interesse durchführen wollten, immer wieder auf Widerstand bei Kaiser und Reich stießen, auf die Kräfte, die einer rationellen (übrigens auch kulturellen, d. h. damals konfessionellen) Entwicklung im Wege stünden.

Dies letztere galt natürlich nur für die protestantischen Territorien. Aber das konfessionelle Wesen beherrschte das Zeitalter vollständig. Die Tatsache der zwei Konfessionen, die Reichsrechtscharakter hatten, konnten von den Staatstheoretikern nicht systematisch verarbeitet werden. Ihre Arbeiten – von Hieronymus a Lapide bis Pufendorff und Leibniz – scheiden daher als Quelle für den Stand der Reichs-Idee des 17. Jahrhunderts aus. Sie scheinen mir auch für die Untersuchung der Staats-Idee und der Idee der Staatsräson von Meinecke überschätzt worden zu sein.

Dem Begriff der Konfession, als eines *Teiles* der Christenheit konnte die Reichs-Idee nicht zugeordnet werden. Jede der beiden Konfessionen trug den Absolutheitsanspruch in sich. Die Forderung der Toleranz war in der Formel „cuius regio, eius religio" keineswegs erfüllt, im Gegenteil, sie war darin negiert. Der Dreißigjährige Krieg sollte der Deutsche Konfessionskrieg heißen. Nachdem einmal im habsburgischen, überwiegend protestantischen Böhmen von Ferdinand II. zu rekatholisieren begonnen worden war und der Kurfürst von der Pfalz zum Schutz des Protestantismus dorthin übergegriffen hatte, konnte es kein Halten mehr auf dieser Bahn geben. Die alte, uns schon bekannte Verbindung von Konfession und territorialstaatlichem Souveränitätsstreben, das der Augsburger Religionsfrieden ausdrücklich sanktioniert hatte, wurde von beiden Seiten in Frage gestellt. Von der einen Seite: sollte der Kaiser noch Territorialherr in seinen eigenen Landen sein, oder sollte er ohne sich zu wehren zusehen, wie sein böhmisches Königreich, um protestantisch zu bleiben, von ihm abfiel? Sollte ein beliebiger Reichsstand, hier der Kurfürst von der Pfalz, das Recht haben, sich konfessionshalber dort einzumischen? Von der anderen Seite wurde die Frage so gestellt: konnte dem Kaiser aus dem Religionsfrieden das Recht zugestanden werden, daß er ein Land – hier Böhmen –, das seine Vorgänger, wenn auch nicht ohne Gegenwehr, in den Protestantismus hatten hinübergleiten lassen, auf einmal jetzt, nach 60 Jahren, rekatholisiere?

Wir sehen, daß der Religionsfriede nur eine lange, zwei Menschenalter während Zeit des Aufmarsches der beiden Konfessionen ermöglicht hatte.

Die kaiserlich-katholische Partei siegte am Weißen Berge im ersten Ansturm. Die protestantische Union erwies sich wiederum als politisch und auch militärisch kraftlos. Aber in dem Maße, als die siegreichen Heere Tillys und Wallensteins auch in den Norden Deutschlands eindrangen und die Gegenreformation einleiteten, wurde den fürstlichen Teilnehmern an der kaiserlichen Partei klar, daß sie im Begriffe waren, dem Kaiser Ferdinand II. eine „monarchische" Stellung zu schaffen, also ihren fürstlichen Interessen entgegen zu handeln. Sie zwangen aus diesem Grunde den Kaiser, seinen Feldherrn Wallenstein zu entlassen.

Und nun gerade griffen die auswärtigen Mächte, das Frankreich Richelieus und das Schweden Gustav Adolfs, gegen den Kaiser in den Krieg ein. Beide hatten an erster Stelle Eroberungspläne auf Kosten Deutschlands, beide hatten daher auch die Absicht, eine starke Reichsgewalt nicht erst entstehen zu lassen. Gustav Adolf hatte darüber hinaus die Absicht, das Luthertum in Deutschland zu retten. Wir verfolgen den Verlauf des Krieges hier nicht. Das Ergebnis desselben für die Abwandlung der Reichs-Idee müssen wir uns klarmachen.

Das Reich, das der Kaiser durch seine Heere verteidigen ließ, war seiner Idee nach nicht mehr das Sacrum Imperium Romanum, sondern das zu einem Staat umzuschaffende Reich der Deutschen. Unzweifelhaft wäre am Ende der Siege des Kaisers ein deutscher Nationalstaat katholischer Konfession erstanden. Drei Gegner haben das verhindert: der schwächste war der Protestantismus. Der zweitstärkste war der fürstliche Staatsegoismus, der sich wiederum und mit Grund durch den Kaiser bedroht sah. Der dritte und stärkste Gegner waren die auswärtigen Mächte Frankreich und Schweden.

Dieser Krieg ist die Krise der Reichs-Idee des 17. Jahrhunderts. Er endete mit dem Westfälischen Frieden, der vor allen Dingen klar aussprach, daß die einzelnen Territorialfürsten voll souverän seien, ausgestattet mit dem vollen Recht zu eigener auswärtiger Politik und dem Recht zu auswärtigen Bündnissen, „ausgenommen gegen Kaiser und Reich".

War das Reich nur noch in diesem Vorbehalt zu sehen? War es in den vergangenen Zeiten Karls V. ein Ziel politischen Strebens in mittelalterlichem Sinne gewesen, für Ferdinand II. nur noch im Sinne eines katholischen Staates, so war es jetzt kein politisches Ziel mehr. Es verwandelte sich in den Herzen der Deutschen, wundersam genug, in einen Sehnsuchtstraum.

Gerade in den Zeiten des Dreißigjährigen Krieges beginnen die ersten Anzeichen einer Überwindung des Konfessionalismus bemerkbar zu werden. Wallenstein (geb. 1583) selbst ist in seinem innersten Wesen ein frühes Beispiel dafür. Er war als Protestant erzogen worden, war dann aus politischer Berechnung zum Katholizismus übergetreten. Die Konfession bedeutete ihm nichts mehr. Er war für seine Person schon tolerant. Seine metaphysischen Bedürfnisse suchte er durch Astrologie zu befriedigen. Wenn der Konfessionalismus in den Herzen der Menschen einmal an Stärke verlor, so konnte allmählich die Staats-Idee verbunden mit der Toleranz sich entfalten. Auf diese Weise wurde dann ein hoher Platz auf der Wertskala frei für die

National-Idee als politische Idee, nämlich als Nationalstaats-Idee. Sie war noch unendlich schwach in England, schwach auch noch in dem Frankreich Richelieus. Sie keimte auch nur erst in Deutschland. Nationalbewußtsein war zwar bei den Deutschen unvergleichlich früher lebendig gewesen als bei Engländern und Franzosen, die noch am Anfang des 15. Jahrhunderts im Zweifel waren, ob sie nicht eigentlich eine Nation seien. Aber die Grundlagen eines modernen *Staats* zu legen, in die auch schon etwas von der National-Idee eingebaut, also politisch verwendet war, das haben jene früher getan als die Deutschen, schon im 16. und 17. Jahrhundert.

Deutsches Schicksal war es, durch den Dienst an der universalen Reichs-Idee und allerdings auch durch den dieser stets erfolgreich opponierenden fürstlichen Territorialismus verhindert zu werden, das schon seit dem 10. Jahrhundert blühende und kräftige Nationalbewußtsein zum politischen Prinzip, *zum Prinzip des Staatsbaues* zu machen. Wir sollten dieses Schicksal nicht bedauern, sondern freudig bejahen.

Mitten im Dreißigjährigen Kriege suchte, gleichsam tastend, die deutsche National-Idee danach, auch eine politische Idee zu werden. In ihrem Tasten und Suchen nach einer politischen Form wußte sie doch nichts anderes zu finden als die Reichs- und die Kaiser-Idee, in der sich einmal i n d e r Z u - k u n f t die National-Idee politisch, d. h. als Staat, verwirklichen sollte. Eine echte Paradoxie der politischen Ideenverknüpfung! In zwei großartigen Zeugnissen sei dies visionäre Suchen und Tasten nach der nationalen Reichs-Idee vorgeführt.

Der Elsässer *Moscherosch* hat sein „Buch der Gesichte", also der Visionen, gegen Ende des Dreißigjährigen Krieges geschrieben. Sein Held, den er Philander von Sittenwald nennt, begegnet den Helden der deutschen Vor-zeit. Diese Helden belehren ihn über Deutschheit und geißeln den Mangel an deutschem Selbstbewußtsein durch den ingrimmigen Hinweis darauf, in welche Knechtschaft diese Deutschheit geraten sei, nämlich unter die Herrschaft welschen Wesens. Welschen Hut und welsche Kleidung, welsche Haartracht und welsche Sprache: alles das zögen die Deutschen der deut-schen Eigenart in äußerem und innerem Gehaben vor. Da heißt es:

„Habt ihr Teutschen (wan du je einer von unsern ungeschlachten Nach-kömmlingen bist) nicht in der Erfahrung, das, welchen Völckern Ihr euch in Kleidung also gleichstellet und sie nachäffet, das dieselbe dermahlen Euch und eure Hertzen bezwingen, euch undertrucken und zur Dienstbar-keit ziehen werden? Dann sie ja schon Eure Hertzen, das beste Bollwerck, die Schantzen der Augen und Außenwerck der Sinne, undergraben, ein-

*genommen und gewonnen haben. Ist euch dan nimmermehr nicht was
gut genug, dass aus eurem Vaterland kommet? Man spüret wohl, dass ihr
Verächter Eures Vaterlands seit und dessen Verräther. Wo ist ein Volck
under der Sonnen, als die ungerathene Teutsche jetzt sind in ihrem
Kleidertragen, so unbeständig, so eckel, so närrisch. Wo siehet man dess-
gleichen bey Euren Nachbauern geschehen?"*

Diese Vision endet mit dem Hinweis auf das innere und äußere Ende der
deutschen Nation, wenn nicht ein Held komme, der die Deutschen aus dieser
Verdammnis herausführe:

*„Es wird eine Zeit kommen, weil alle Ding vergänglich sind, wan das
Teutsche Reich soll zu grunde gehen, so werden Burger gegen Burger,
Brüder gegen Brüder im Felde streitten und sich ermorden, und werden
ihre Hertzen an frembde Dinge hängen, ihre Muttersprach verachten und
der Wälschen Gewäsch höher halten, wider ihr eigen Vaterland und Gewis-
sen dienen. Und alsdann wird das Reich, das mächtigste Reich, zu grunde
gehen und under derer Hände kommen, mit welcher Sprach sie sich so
gekützelt haben, wo GOTT nicht einen Helden erwecket, der der Sprach
wider ihre Mass setze, sie durch gelehrte Leut aufbringe und die Wälsch-
lende Stimpler nach Verdienst abstraffe. O GOTT, welchen Helden hastu
dir hiezu erwählet? Treibe ihn, auf das diss Werk einen seeligen Vortgang
habe!"*

Was Moscherosch hier andeutete, das blieb noch in der Ebene des kulturellen Nationalismus. Aber der deutsche Held, der da erwartet wurde,
muß schon als politischer Reichsgründer verstanden werden. Gleichsam
weiter ausgeführt wurde diese Vision in dem Dichterwerk eines Größeren,
in Grimmelshausens „Simplicius Simplicissimus". Auch er brachte das, was
er seiner Zeit aus der letzten Tiefe seines Herzens zu sagen hatte, in über-
wirklicher, dichterischer Einkleidung. Wie die Narren in Shakespeares
Dramen nicht selten die letzte Weisheit des Dichters auszusprechen haben,
so ließ Grimmelshausen auch einen Narren für sich sprechen. Simplicius hat
bei Soest einen Gefangenen gemacht, den er sofort als einen Wahnsinnigen
erkennt. Denn der Gefangene erklärt, er sei Jupiter. Das Gespräch zwischen
Simplicius, der sich ihm gegenüber für einen „Sylvanen", einen „irdischen
Gott", ausgibt, und diesem Narren Jupiter steigert sich in Frage und Ant-
wort bis zu der Verkündigung Jupiters, was er mit der Menschheit, und
zwar mit den Deutschen als Trägern einer Mission für die Menschheit vor-
habe. Jupiter verheißt, er werde durch einen deutschen Helden den Frieden
für die ganze Welt herbeiführen. Simplicius fährt fort:

*Ich muste zwar lachen / verbisse es doch so gut als ich konte / und
sagte: „Ach Jupiter, deine Mühe und Arbeit wird besorglich allerdings
umbsonst seyn / wenn du nicht wieder / wie vor diesem / die Welt mit
Wasser / oder gar mit Feuer heimsuchest; dann schickest du einen Krieg /
so lauffen alle boese verwegene Buben mit / welche die friedliebende
fromme Menschen nur quälen werden; schickestu eine Theurung / so ists
ein erwünschte Sach vor die Wucherer / weil alsdann denselben ihr Korn
viel gilt; schickestu aber ein Sterben / so haben die Geitzhäls und alle
übrigen Menschen ein gewonnen Spiel / in dem sie hernach viel erben;
wirst derhalben die gantze Welt mit Butzen und Stil ausrotten müssen /
wenn du anders straffen wilt." Jupiter antwortet / „du redest von der
Sach wie ein natürlicher Mensch / als ob du nicht wüstest / daß uns
Göttern müglich sey / etwas anzustellen / dass nur die Böse gestrafft /
und die Gute erhalten werden; ich will einen Teutschen Helden erwecken/
der soll alles mit der Schärffe dess Schwerds vollenden / er wird alle ver-
ruchte Menschen umbbringen / und die fromme erhalten und erhöhen."
Ich sagte / „so muß ja ein solcher Held auch Soldaten haben / und wo man
Soldaten braucht da ist auch Krieg / und wo Krieg ist / da muss der Un-
schuldig so wol als der Schuldig herhalten." „Seyd ihr irdische Götter
denn auch gesinnt wie die irdische Menschen" / sagte Jupiter hierauff /
„dass ihr so gar nichts verstehen könnet? Ich will einen solchen Helden
schicken / der keiner Soldaten bedarff / und doch die gantze Welt refor-
miren soll; in seiner Geburtstund will ich ihm verleihen einen wohlgestal-
ten und stärckern Leib / als Herkules einen hatte / mit Fürsichtigkeit / Weisheit und Verstand überflüssig geziert / hierzu soll ihm Venus geben ein
schön Angesicht / also dass er auch Narcissum, Adonidem und meinen
Ganymedem selbst übertreffen solle / sie soll ihm zu all seinen Tugenden
ein sonderbare Zierlichkeit / Auffsehen und Anmütigkeit vorstrecken /
und dahero ihn bey aller Welt beliebt machen / weil ich sie eben der
Ursachen halber in seiner Nativität desto freundlicher anblicken werde;
Mercurius aber soll ihn mit unvergleichlich-sinnreicher Vernunfft bega-
ben / und der unbeständige Mond soll ihm nicht schädlich / sondern
nützlich seyn / weil er ihm eine unglaubliche Geschwindigkeit ein-
pflantzen wird / die Pallas soll ihn auff dem Parnasso aufferziehen /
und Vulcanus soll ihm Hora Martis seine Waffen / sonderlich aber ein
Schwert schmiden / mit welchem er die gantze Welt bezwingen / und alle
Gottlosen nider machen wird / ohne fernere Hülff eines einigen Menschen / der ihme etwan als ein Soldat beystehen möchte / er soll keines*

Beystandes bedörffen / ein jede große Statt soll von seiner Gegenwart erzittern / und ein jede Vestung / die sonst unüberwindlich ist / wird er in der ersten Viertelstund in seinem Gehorsam haben: zuletzt wird er den größten Potentaten in der Welt befehlen / und die Regierung über Meer und Erden so löblich anstellen / dass beydes, Götter und Menschen, ein Wolgefallen darob haben sollen."

In wildkühnen Bildern wird dieses Zukunfts- und Friedensreich unter einem deutschen Herrscher weiter geschildert. Zum Schluß faßt folgende Szene das Gespräch zusammen:

Ich fragte meinen Jovem, was dann die Christlichen Könige bey der Sach thun würden? er antwortet / „der in Engeland / Schweden und Dennemarck werden / weil sie Teutschen Geblüts und Herkomms: der in Hispania / Franckreich und Portugall aber / weil die alte Teutschen selbige Länder hiebevor auch eingenommen und regiert haben / ihre Kronen / Königreich und incorporirte Länder / von der Teutschen Nation auss freyen Stücken zu Lehen empfahen / und alsdenn wird / wie zu Augusti Zeiten / ein ewiger beständiger Fried zwischen allen Völckern in der gantzen Welt seyn."

Die Figur des Narren Jupiter ist von Julius Petersen eingehend untersucht worden. Grimmelshausen hat diese Gestalt in seinen Roman eingefügt, um der verzweifelten politischen Stimmung des deutschen Volkes nach dem Dreißigjährigen Kriege Ausdruck zu geben. Er ist ein großer Dichter und zugleich ein Volksschriftsteller. Aus welchen Quellen er allen gelehrten Kram – Geschichte und Mythologie – ungeniert geschöpft hat, hat die Forschung längst festgestellt. Das kann uns nicht hindern, seine Dichtung so gut wie die von Moscherosch selbst als Quelle zur Ideengeschichte zu verwenden. Ein Dichter wie Grimmelshausen schreibt, um zu wirken, und schreibt daher aus dem Herzen des Volkes heraus, für das er schreibt. Sein Buch hat sofort reißenden Absatz gefunden. Wir sehen in dem Narren Jupiter den Wortführer breitester Schichten des damaligen deutschen Volkes, eines Volkes, das die Staats-Idee noch nicht hat, das in sich die Idee der Konfession ermatten fühlt, dessen Nationalbewußtsein lebendig, aber nicht staatsbildend ist, weil die Reichs-Idee zwischen ihr und der Staats-Idee steht, und weil die Staats-Idee sich mit den Territorien, den Reichsständen verbindet. Daher muß die Reichs-Idee ein Traumgesicht, eine Utopie werden, in der das Weltreich des Augustus – also das Römische Reich – wiederkehrt, in der der Friede der christlichen Konfessionen nicht nur, sondern der Friede zwischen allen Religionen mit höchst drastischen Mitteln – und zugleich der

Friede aller Völker – hergestellt wird – eine pax Romana, ein sacrum imperium Romanum, an dessen Spitze ein Kaiser steht, der ein deutscher Held ist. –

Die Reichs-Idee als Utopie, das ist die Spiegelung der Reichs-Sehnsucht aus dem Elend der Gegenwart in eine uralte Vergangenheit – die gute, alte Zeit – und zugleich in eine unendlich ferne Zukunft, das Friedensreich der Endzeit.

Unser Blick auf den Wandel der Reichs-Idee im 16. und 17. Jahrhundert hat uns gezeigt, daß die Utopie, der Karl V. seine ungeheueren Kräfte gewidmet hat, sich umgestaltet hat in die Utopie der Volkssehnsucht, in deren Dienst sich keine politische Macht mehr stellt. Indem die Reichs-Sehnsucht sich in den Kreisen des einfachen Volkes mit dem Nationalbewußtsein verband und den Staat als die politisch wirksame „moderne" Form allenthalben aufblühen sah, bildeten sich unterhalb der politisch mächtigen Schichten jener Gegenwart die Keime einer national s t a a t l i c h e n Sehnsucht, aus denen die beherrschenden Ideen des 19. Jahrhunderts hervorgehen sollten.

*

An der Diskussion, die sich an den Vortrag vor der Arbeitsgemeinschaft für Forschung anschloß, beteiligten sich die Professoren Braubach, Hübinger, Rengstorf, Ritter, Schreiber und Steinbach.

VERÖFFENTLICHUNGEN DER ARBEITSGEMEINSCHAFT FÜR FORSCHUNG DES LANDES NORDRHEIN-WESTFALEN

NATURWISSENSCHAFT

Bisher sind erschienen:

HEFT 1

Prof. Dr.-Ing. Friedrich Seewald, Aachen
Neue Entwicklungen auf dem Gebiet der Antriebsmaschinen

Prof. Dr.-Ing. Friedrich A. F. Schmidt, Aachen
Technischer Stand und Zukunftsaussichten der Verbrennungsmaschinen, insbesondere der Gasturbinen

Dr.-Ing. Rudolf Friedrich, Mülheim (Ruhr)
Möglichkeiten und Voraussetzungen der industriellen Verwertung der Gasturbine
52 Seiten, 15 Abb., kartoniert, DM 4,25

HEFT 2

Prof. Dr.-Ing. Wolfgang Riezler, Bonn
Probleme der Kernphysik

Prof. Dr. Fritz Micheel, Münster
Isotope als Forschungsmittel in der Chemie und Biochemie
40 Seiten, 10 Abb., kartoniert, DM 3,20

HEFT 3

Prof. Dr. Emil Lehnartz, Münster
Der Chemismus der Muskelmaschine

Prof. Dr. Gunther Lehmann, Dortmund
Physiologische Forschung als Voraussetzung der Bestgestaltung der menschlichen Arbeit

Prof. Dr. Heinrich Kraut, Dortmund
Ernährung und Leistungsfähigkeit
60 Seiten, 35 Abb., kartoniert DM 5,—

HEFT 4

Prof. Dr. Franz Wever, Düsseldorf
Aufgaben der Eisenforschung

Prof. Dr.-Ing. Hermann Schenck, Aachen
Entwicklungslinien des deutschen Eisenhüttenwesens

Prof. Dr.-Ing. Max Haas, Aachen
Wirtschaftliche Bedeutung der Leichtmetalle und ihre Entwicklungsmöglichkeiten
60 Seiten, 20 Abb., kartoniert, DM 6,—

HEFT 5

Prof. Dr. Walter Kikuth, Düsseldorf
Virusforschung

Prof. Dr. Rolf Danneel, Bonn
Fortschritte der Krebsforschung

Prof. Dr. Dr. Werner Schulemann, Bonn
Wirtschaftliche und organisatorische Gesichtspunkte für die Verbesserung unserer Hochschulforschung
50 Seiten, 2 Abb., kartoniert, DM 4,—

HEFT 6

Prof. Dr. Walter Weizel, Bonn
Die gegenwärtige Situation der Grundlagenforschung in der Physik

Prof. Dr. Siegfried Strugger, Münster
Das Duplikantenproblem in der Biologie

Direktor Dr. Fritz Gummert, Essen
Überlegungen zu den Faktoren Raum und Zeit im biologischen Geschehen und Möglichkeiten einer Nutzanwendung
64 Seiten, 20 Abb., kartoniert, DM 4,—

HEFT 7

Prof. Dr.-Ing. August Götte, Aachen
Steinkohle als Rohstoff und Energiequelle

Prof. Dr. Dr. E. h. Karl Ziegler, Mülheim/Ruhr
Über Arbeiten des Max-Planck-Institutes für Kohlenforschung
66 Seiten, 4 Abb., kartoniert, DM 4,75

HEFT 8

Prof. Dr.-Ing. Wilhelm Fucks, Aachen
Die Naturwissenschaft, die Technik und der Mensch

Prof. Dr. Walther Hoffmann, Münster
Wirtschaftliche und soziologische Probleme des technischen Fortschritts
84 Seiten, 12 Abb., kartoniert, DM 6,50

HEFT 9

Prof. Dr.-Ing. Franz Bollenrath, Aachen
Zur Entwicklung warmfester Werkstoffe

Prof. Dr. Heinrich Kaiser, Dortmund
Stand spektralanalytischer Prüfverfahren und Folgerung für deutsche Verhältnisse
100 Seiten, 62 Abb., kartoniert, DM 7,50

HEFT 10

Prof. Dr. Hans Braun, Bonn
Möglichkeiten und Grenzen der Resistenzzüchtung

Prof. Dr.-Ing. Carl Heinrich Dencker, Bonn
Der Weg der Landwirtschaft von der Energieautarkie zur Fremdenergie
74 Seiten, 23 Abb., kartoniert, DM 6,80

HEFT 11

Prof. Dr.-Ing. Herwart Opitz, Aachen
Entwicklungslinien der Fertigungstechnik in der Metallbearbeitung

Prof. Dr.-Ing. Karl Krekeler, Aachen
Stand und Aussichten der schweißtechnischen Fertigungsverfahren
72 Seiten, 49 Abb., kartoniert, DM 6,40

In Vorbereitung sind:

GEISTESWISSENSCHAFTEN

Bisher sind erschienen:

HEFT 1
Prof. Dr. Werner Richter, Bonn
Die Bedeutung der Geisteswissenschaften für die
Bildung unserer Zeit
Prof. Dr. Joachim Ritter, Münster
Die aristotelische Lehre vom Ursprung und Sinn
der Theorie   *64 Seiten, kartoniert, DM3,50*

HEFT 2
Prof. Dr. Josef Kroll, Köln
Elysium
Prof. Dr. Günther Jachmann, Köln
Die vierte Ekloge Vergils
                    72 Seiten, kartoniert, DM 3,75

HEFT 3
Prof. Dr. Hans Erich Stier, Münster
Die klassische Demokratie
                    100 Seiten, kartoniert, DM 6,—

HEFT 4
Prof. Dr. Werner Caskel, Köln
Lihyan und Lihyanisch. Sprache und Kultur eines
früharabischen Königreiches
        168 Seiten, 2 Abb., 2 Schriftentafeln 2 Karten,
                                        DM 11,—

HEFT 5
Prof. Dr. Thomas Ohm, Münster
Stammesreligionen im südlichen Tanganyika-
Territorium
        80 Seiten, 25 zum Teil mehrfarbige Abb.,
                        kartoniert, DM 11,50

HEFT 6
Prälat Prof. Dr. Dr. h. c. Georg Schreiber, Münster
Deutsche Wissenschaftspolitik von Bismarck bis zum
Atomwissenschaftler Otto Hahn
        102 Seiten, 7 Bilder, kartoniert, DM 6,25

HEFT 7
Prof. Dr. Walter Holtzmann, Bonn
Das mittelalterliche Imperium und die werdenden
Nationen   *28 Seiten, kartoniert, DM 2,50*

HEFT 8
Prof. Dr. Werner Caskel, Köln
Die Bedeutung der Beduinen in der Geschichte der
Araber   *44 Seiten, kartoniert, DM 2,75*

HEFT 12
Prof. D. Karl Heinrich Rengstorf, Münster
Mann und Frau im Urchristentum
Prof. Dr. Hermann Conrad, Bonn
Grundprobleme einer Reform des Familienrechts
                    106 Seiten, kartoniert, DM 6,—

HEFT 13
Prof. Dr. Max Braubach, Bonn
Der Weg zum 20. Juli 1944 — Ein Forschungs-
bericht   *48 Seiten, kartoniert, DM 3,25*

HEFT 15
Prof. Dr. Franz Steinbach, Bonn
Der geschichtliche Weg des wirtschaftenden Menschen in die soziale Freiheit und politische Ver-
antwortung   *76 Seiten, kartoniert, DM 3,80*

HEFT 17
Prof. Dr. James Conant,
US-Hochkommissar für Deutschland
Staatsbürger und Wissenschaftler
Prof. D. Karl Heinrich Rengstorf, Münster
Antike und Christentum
                48 Seiten, 2 Abb., kartoniert, DM 3,50

HEFT 19
Prof. Dr. Fritz Schalk, Köln
Das Lächerliche in der französischen Literatur des
Ancien Régime
                    42 Seiten, kartoniert, DM 2,25

HEFT 20
Prof. Dr. Ludwig Raiser, Bad Godesberg
Rechtsfragen der Mitbestimmung
                    48 Seiten, kartoniert, DM 2,50

HEFT 21
Prof. D. Martin Noth, Bonn
Das Geschichtsverständnis der alttestamentlichen
Apokalyptik   *36 Seiten, kartoniert, DM 2,20*

HEFT 22
Prof. Dr. Walter F. Schirmer, Bonn
Glück und Ende der Könige in Shakespeares
Historien   *32 Seiten, kartoniert, DM 1,60*

HEFT 28
Prof Dr. Thomas Ohm, Münster
Die Religionen in Asien
            50 Seiten, 4 mehrfarbige Klapptafeln,
                        kartoniert, DM 7,—

HEFT 29
Prof. Dr. Leo Weisgerber, Bonn
Die Ordnung der Sprache im persönlichen und
öffentlichen Leben   *64 Seiten, kartoniert, DM 3,50*

HEFT 30
Prof. Dr. Werner Caskel, Köln
Entdeckungen in Arabien
                    44 Seiten, kartoniert, DM 3,20

HEFT 34
Prof. Dr. Thomas Ohm, Münster
Ruhe und Frömmigkeit
        128 Seiten, 30 Abb., 1 mehrfarbige Klapptafel,
                            kartoniert

HEFT 36
Prof. Dr. Hans Sckommodau, Köln
Die religiösen Dichtungen Margaretes von Navarra
172 Seiten, kartoniert, DM 9,60

HEFT 38
Prof. Dr. Dr. Joseph Höffner, Münster
Statik und Dynamik in der scholastischen Wirtschaftsethik
48 Seiten, kartoniert

In Vorbereitung sind:

HEFT 9
Prälat Prof. Dr. Dr. h. c. Georg Schreiber, Münster
Iroschottische Motive im abendländischen Sakralraum

HEFT 11
Prof. Dr. Hans Erich Stier, Münster
Roms Aufstieg zur Weltherrschaft

HEFT 14
Prof. Dr. Paul Hübinger, Münster
Das deutsch-französische Verhältnis und seine mittelalterlichen Grundlagen

HEFT 16
Prof. Dr. Josef Koch, Köln
Die Ars coniecturalis des Nikolaus von Cues

HEFT 18
Prof. Dr. Richard Alewyn, Köln
Klopstocks Publikum

HEFT 23
Prof. Dr. Günther Jachmann, Köln
Der homerische Schiffskatalog und die Ilias

HEFT 24
Prof. Dr. Theodor Klauser, Bonn
Die römischen Petrustraditionen im Lichte der neuen Ausgrabungen unter der Peterskirche

HEFT 25
Prof. Dr. Hans Peters, Köln
Der Grundsatz der Gewaltentrennung in heutiger Sicht

HEFT 26
Prof. Dr. Fritz Schalk, Köln
Calderon und die Mythologie

HEFT 27
Prof. Dr. Josef Kroll, Köln
Vom Leben geflügelter Worte

HEFT 31
Prof. Dr. Max Braubach, Bonn
Entstehung und Entwicklung der landesgeschichtlichen Bestrebungen und historischen Vereine im Rheinland

HEFT 32
Prof. Dr. Fritz Schalk, Köln
Somnium und verwandte Wörter in den romanischen Sprachen

HEFT 33
Prof. Dr. Friedrich Dessauer, Frankfurt a. M.
Erbe und Zukunft des Abendlandes

HEFT 35
Prof. Dr. Hermann Conrad, Bonn
Die mittelalterliche Besiedlung des deutschen Ostens und das deutsche Recht

HEFT 37
Prof. Dr. Herbert von Einem, Bonn
Der Kopf mit der Binde des Meisters von Naumburg

HEFT 39
Prof. Dr. Fritz Schalk, Köln
Diderots Essai über Claudius und Nero

HEFT 40
Prof. Dr. Gerhard Kegel, Köln
Probleme des internationalen Enteignungs- und Währungsrechts

HEFT 41
Dr. Ulrich Luck, Münster
Kerygma und Tradition in der Hermeneutik Adolf Schlatters

GPSR Compliance
The European Union's (EU) General Product Safety Regulation (GPSR) is a set
of rules that requires consumer products to be safe and our obligations to
ensure this.

If you have any concerns about our products, you can contact us on

ProductSafety@springernature.com

In case Publisher is established outside the EU, the EU authorized
representative is:

Springer Nature Customer Service Center GmbH
Europaplatz 3
69115 Heidelberg, Germany